S ÉLÉMENTAIRES

SUR LA

GRAMMAIRE

ET

L'ARITHMÉTIQUE

Par E. DAMERIN.

LILLE,

IMPRIMERIE DE LEFEBVRE-DUCROCQ,

Place du Théâtre, 36.

1849.

NOTIONS ÉLÉMENTAIRES

SUR LA

GRAMMAIRE

ET

L'ARITHMÉTIQUE

Par E. DAMERIN.

LILLE,

IMPRIMERIE DE LEFEBVRE-DUCROCQ,

Place du Théâtre, 36.

1859.

(C.)

GRAMMAIRE.

DEUX SORTES DE LETTRES.

Voyelles, a e i o u y.

Consonnes, b c d f g h j k l m n p q r s t v w x z.

TROIS SORTES D'*E*.

e — muet.
é — fermé.
è — ouvert.

TROIS SORTES D'ACCENTS.

é accent aigu.
è accent grave.
ê accent circonflexe.

SIGNES DE PONCTUATION.

. — Point.
! — Point d'admiration.
? — Point d'interrogation.
: — Deux points. Citation.
; — Point-virgule.
, — Virgule.
·· — Tréma.
( ) — Parenthèses.
» — Guillemet.

Un *Substantif* représente une personne ou une chose.

L'*Article* détermine le substantif.

L'*Adjectif* veut dire jeté à côté du substantif pour lui donner une qualité ou pour le déterminer.

Le *Pronom* veut dire à la place du nom, c'est le remplacement du *Substantif*.

Le *Verbe* veut dire parole, il marque l'état, le sentiment, l'action.

Le *Participe* c'est un mot qui tient du verbe et de l'adjectif.

La *Préposition* est un mot qui se met devant les noms et les pronoms pour marquer le rapport qui existe entre le mot qui suit et le mot qui précède.

L'*Adverbe* veut dire près du verbe, il marque les modifications du verbe.

La *Conjonction* est un mot qui unit deux idées.

L'*Interjection* est un sentiment de l'âme.

DU NOM OU SUBSTANTIF.

Il y a deux sortes de noms.

Le *nom commun* et le *nom propre*.

Le nom commun convient à plusieurs personnes et à plusieurs choses semblables.

Le nom propre convient à une seule personne ou à une seule chose.

Dans les noms il faut considérer le genre et le nombre.

Il y a en français deux genres, le masculin et le féminin.

Le masculin pour les hommes, les mâles et les choses qu'on peut faire précéder des mots *un* ou *le*.

Le féminin pour les femmes, les femelles et les choses qu'on peut faire précéder des mots *une* ou *la*.

Il y a en français deux nombres, le singulier et le pluriel.

Le singulier pour une seule personne ou pour une seule chose.

Le pluriel pour plusieurs personnes ou pour plusieurs choses.

DE L'ARTICLE.

Il a deux sortes d'articles.

L'article simple et l'article composé ou contracté.

Le	a. s. m. s.
La	a. s. f. s.
Les	a. s. m. ou f. p.
Au	a c.é ou c.é mis pour *à le*.
A	prép.
Le	a. s. m. s.
Aux	a. c.é ou c.é mis pour *à les*.
A	prép.
Les	a. s. m. ou f. p.
Du	a. c.é ou c.é mis pour *de le*.
De	p.
Le	a. s. m. s.
Des	a. c.é ou c.é mis pour *de les*.
De	p.
Les	a. s. m. ou f. p.

DES ADJECTIFS.

Il y a deux sortes d'adjectifs.

Les adjectifs qualificatifs et les adjectifs déterminatifs.

Les adjectifs qualificatifs marquent les qualités du substantif.

Le qualificatifs peuvent être : 1° positif ; 2° au comparatif ; 3° au superlatif.

Les qualificatifs sont positifs quand ils sont seuls.

Les qualificatifs sont au comparatif quand on compare deux qualités.

Il y a trois sortes de comparatifs :

1° D'égalité, quand on met *aussi, autant* devant le premier adjectif et *que* devant le second ; 2° le comparatif de supériorité quand on met *plus* devant le premier adjectif, et *que* devant le second ; 3° le comparatif d'infériorité quand on met *moins* devant le premier adjectif, et *que* devant le second.

Les superlatifs sont quand la qualité est portée au plus haut ou au suprême degré. De là deux superlatifs :

1° Le superlatif absolu se forme avec *très-fort, bien, extrêmement,* devant l'adjectif ;

2° Le superlatif relatif se forme d'un comparatif de supériorité ou d'infériorité précédé de l'article ou d'un adjectif possessif.

Les déterminatifs déterminent les substantifs :

1° Numéraux cardinaux marquent un nombre, *un, deux, trois,* etc.

uméraux ordinaux marquent un ordre, *pre-*
r, second, troisième, etc.

2° Possessifs marquent la possession.

M. S.	F. S.	M. P.	F. P.
mon,	ma,	mes,	mes.
ton,	ta,	tes,	tes.
son,	sa.	ses,	ses.
notre,	notre,	nos,	nos.
votre,	votre,	vos,	vos.
leur,	leur,	leurs,	leurs.

3° Démonstratifs, démontrent les substan-

M. S.	F. S.	M. P.	F. P.
ce cet	cette	ces	ces

4° Indéfinis, non définis, marquent une idée
nérale.

Chaque, tel, quel, autre, certain, même, nul,
un, tout, quelque, plusieurs.

DES PRONOMS.

Il y a trois sortes de personnes :
1° Celle qui parle, *je, me, moi*, singulier ;
us, pluriel ;
2° Celle à qui l'on parle, *tu, te, toi,* singulier ;
us, pluriel ;
3° Celle de qui l'on parle, *il*, m. s., *elle*, f. s.;
m. p., *elles,* f. p.
Il y a cinq sortes de pronoms :
1° Les personnels qui indiquent les per-
nnes ;
2° Possessifs, qui marquent la possession ;

3º Démonstratifs, qui démontrent ;

4º Les relatifs, qui ont rapport à un mot ;

5º Les indéfinis, une idée générale.

DES PRONOMS PERSONNELS.

Les pronoms personnels sont ainsi appe
parce qu'ils désignent les trois personnes p
spécialement que les autres pronoms.

Ces pronoms sont :

Pour la première personne, *je*, *me*, *moi*, s
gulier ; *nous*, pluriel ;

Pour la seconde personne, *tu*, *te*, *toi*, singuli
vous, pluriel ;

Pour la troisième personne, *il*, m. s., *elle*, f.
ils, m. p., *elles*, f. p. Lui, leur, le, la, les,
soi, en, y.

DES PRONOMS DÉMONSTRATIFS.

Les pronoms démonstratifs sont :

M. S.	F. S.	M. P.	F. P
ce-celui,	celle,	ceux,	celles.
celui-ci,	celle-ci,	ceux-ci,	celles-ci
celui-là,	celle-là,	ceux-là,	celles-là
ceci.			
cela.			

DES PRONOMS POSSESSIFS.

Les pronoms possessifs sont :

M. S.	F. S.	M. P.	F. P.
le mien,	la mienne,	les miens,	les mienne
le tien,	la tienne,	les tiens,	les tiennes
le sien,	la sienne,	les siens,	les siennes
le nôtre,	la nôtre,	les nôtres,	les nôtres.
le vôtre,	la vôtre,	les vôtres,	les vôtres.
le leur,	la leur,	les leurs,	les leurs.

DES PRONOMS RELATIFS

Ses pronoms relatifs sont :

Qui, que, quoi, dont, en, y ;

Lequel, m. s., *laquelle*, f. s., *lesquels*, m. p ,
lesquelles, f. p.

DES PRONOMS INDÉFINIS.

Les pronoms indéfinis désignent d'une manière
vague les personnes et les choses dont ils rap-
pellent l'idée.

Ces pronoms sont :

*On, quiconque, quelqu'un, chacun, nul, aucun,
personne, l'un, l'autre ; les uns, les autres, rien,
tout le monde*, etc.

DU VERBE.

Il y a cinq sortes de verbes :

1º Le verbe *actif* marque l'action, on peut
mettre après lui *quelqu'un* ou *quelque chose* ;

2º Le verbe *neutre* marque l'action, on ne
peut pas mettre après lui *quelqu'un* ou *quelque
chose ;*

3º Le verbe *passif* se forme avec le verbe *être*,
et le participe passé d'un verbe *actif ;*

4º Le verbe *pronominal* se forme avec deux
pronoms de la même personne ;

5º Le verbe *unipersonnel* se forme avec le pronom *il*, signifiant une chose (jamais une personne),
et la troisième personne du singulier d'un V. A.
ou N. ou P.^{f} ou P.^{al}

Le verbe *substantif* marque une substance, c'est
le verbe *être*.

Les autres verbes sont appelés *adjectifs*, parce qu'ils peuvent se décomposer en deux parties, le verbe être et une qualité.

Tout verbe a un sujet ; on connaît le sujet d'un verbe en faisant la question *qui est-ce qui ?* avant le verbe.

Le sujet fait la loi au verbe pour la personne et le nombre ; ainsi, le sujet est-il du singulier ou du pluriel, le verbe doit être du singulier ou du pluriel ; le sujet est-il de la 1re, de la 2e, ou de la 3e personne, le verbe doit être de la 1re, de la 2e, de la 3e personne.

On connaît le C. D. d'un verbe en faisant la question *qui* ou *quoi ?* après le verbe.

Le complément d'un verbe c'est le mot qui complète l'idée du verbe. Voilà pourquoi certains grammairiens l'appellent complément.

Si le mot complète seul l'idée du verbe, c'est un C. D.

Si le mot ne complète pas seul l'idée du verbe, s'il lui faut par exemple une préposition, on l'appelle C. I.

Les verbes *actifs* ont des C. D. exprimés ou sous-entendus.

Les verbes *neutres* ont des C. I.

Les verbes *passifs* ont des C. I.

Les verbes *pronominaux* peuvent être actifs ou neutres et dès-lors ils peuvent avoir des C. D. s'ils sont actifs et des C. I. s'ils sont neutres.

Les verbes *unipersonnels* peuvent avoir des C. I.

Ils ont deux sujets.

Le pronom *il*, premier sujet et un autre, deuxième sujet.

On appelle modes, les changements que subit un verbe suivant qu'il marque l'action d'une manière ou d'une autre.

Il y a cinq modes.

1er L'indicatif marque l'action d'une manière certaine.

2e Le conditionnel marque l'action sous une condition.

3e L'impératif marque l'action sous un commandement.

4e Le subjonctif marque l'action d'une manière douteuse; le subjonctif dépend toujours d'un autre verbe exprimé ou sous-eutendu.

5e L'infinitif marque l'action d'une manière générale.

DU PARTICIPE.

Il y a deux sortes de *participes*.

Le participe présent et le participe passé.

Le participe présent finit toujours par *ant*.

Il marque l'action, il est invariable.

L'adjectif verbal finit aussi en *ant*; il marque une qualité, il est donc qualificatif et s'accorde avec le mot auquel il se rapporte en genre et en nombre, en faisant la question *qui est ce qui?* avant le verbe *être*.

Le participe passé a plusieurs terminaisons, *é, i, u, ert, int, oint, eint, is, it, os*.

Tout participe passé sans *être*, ni *avoir* ou avec *être*, première règle, s'accorde comme l'adjectif en faisant la question *qui est-ce qui?* avant le verbe *être*.

Tout participe passé avec *avoir* ou avec *être*, mis pour *avoir* dans les verbes pronominaux, deuxième règle, s'accorde avec son C. D. si ce C. D. est avant le participe, en faisant la question *qui* ou *quoi* après le participe.

FORMATION DU PLURIEL DANS LES MOTS.

Dans les substantifs :
Ajoutez *s*.
Ceux qui finissent par *s*, *x*, *z*,—rien.

Al,		aux.
Ail,		ails.
Eu,		eux.
Ou,		ous.
Ciel,	fait	ciels, cieux.
Aïeul,	fait	aïeuls, aïeux.
Œil,	fait	œils, yeux.

Dans les adjectifs :
Ajoutez *s*.
Ceux qui finissent par *s*, *x*, — rien.

Al,		aux.
Al,		als,
Pronoms,	on ajoute	*s*.
Verbes,	—	*s*, *z*, *nt*.
Participes,	—	*s*.

FORMATION DU FÉMININ DANS LES MOTS.

Dans les substantifs, on ajoute *e*.
Excepté ceux qui finissent par *té*, *tié*, *eur*.
Dans les adjectifs, on ajoute *e*, ceux qui finissent par *e*, rien.

| On, | onne. |
| An, | anne. |

Os,	osse.
El,	elle.
As,	asse.
Eil,	eille.
Ot,	otte.
Et,	ette.
S,	che.
C,	que.
X,	se.
Al,	ale.
F,	ve.
In,	igne.

Teur-teuse, ceux qui viennent des participes; *teur - trice*, ceux qui ne viennent pas des participes.

Dans les pronoms suivez les règles des adjectifs.

Dans les participes, ajoutez *e*.

FINALES DES QUATRE CONJUGAISONS.

1re Conjugaison.

INDICATIF.

Présent. e, es, e, ons, ez, ent.
Imparfait. ais, ais, ait, ions, iez, aient.
Passé défini. ai, as, a, âmes, âtes, èrent.
Futur. erai, eras, era, erons, erez, eront.

CONDITIONNEL.

Présent. erais, erais, erait, erions, eriez,
          eraient.

IMPÉRATIF.

Présent.   e, ons, ez.

SUBJONCTIF.

Présent.   e, es, e, ions, iez, ent.
Imparfait   asse, asses, ât, assions, assiez, assent.

INFINITIF.
Présent.   er.

PARTICIPE.
Présent.   ant.
Passé.   m. s., *é*, f. s., *ée* ; m. p., *és*, f. p. *ées.*

2e CONJUGAISON.

INDICATIF.

Présent.   is, is, it, issons, issez, issent.
Imparfait.   issais, issais, issait, issions, issiez, issaient.
Passé défini. is, is, it, îmes, îtes, irent.
Futur.   irai, iras, ira, irons, irez, iront.

CONDITIONNEL.

Présent.   irais, irais, irait, irions, iriez, iraient.

IMPÉRATIF.

Présent.   is, issons, issez.

SUBJONCTIF.

Présent.   isse, isses, isse, issions, issiez, issent.

Imparfait.   isse, isses, ît, issions, issiez, issent.

INFINITIF.

Présent.   ir.

PARTICIPE.

Présent.   issant.

Passé.   m. s., *i*, f. s., *ie*; m. p., *is* f. p., *ies*.

3e CONJUGAISON.

INDICATIF.

Présent.   ois, ois, oit, evons, evez, oivent.

Imparfait.   evais, evais, evait, evions, eviez, evaient.

Passé défini. us, us, ut, ûmes, ûtes, urent.

Futur.   evrai, evras, evra, evrons, evrez, evront.

CONDITIONNEL.

Présent.   evrais, evrais, evrait, evrions, evriez, evraient.

IMPÉRATIF.

Présent.   ois, evons, evez.

SUBJONCTIF.

Présent.   oive, oives, oive, evions, eviez, oivent.

Imparfait. usse, usses, ît, ussions, ussiez, ussent.

INFINITIF.

Présent. evoir.

PARTICIPE.

Présent. evant.

Passé. m. s., *u;* f. s., *ue;* m. p., *us;* f. p. *ues.*

4e CONJUGAISON.

INDICATIF.

Présent. s, s, ( ), ons, ez, ent.
Imparfait. ais, ais, ait, ions, iez, aient.
Passé défini. is, is, it, îmes, îtes, irent.
Futur. rai, ras, ra, rons, rez, ront.

CONDITIONNEL.

Présent. rais, rais, rait, rions, riez, raient.

IMPÉRATIF.

Présent. s, ons, ez.

SUBJONCTIF.

Présent. e, es, e, ions, iez, ent.
Imparfait. isse, isses, it, issions, issiez, issent.

INFINITIF.

Présent. re.

PARTICIPE.

Présent. ant.
Passé. m. s. *u;* f. s. *ue;* m. p. *us,* f. p. *ues.*

CINQ TEMPS PRIMITIFS.

1re CONJUGAISON.

INFINITIF PRÉSENT.

er.

PARTICIPE PRÉSENT.

ant.

INDICATIF PRÉSENT.

Je e,
Nous ons,
Vous ez.

PASSÉ DÉFINI.

ai.

PARTICIPE PASSÉ.

é.

FUTUR.

erai.

CONDITIONNEL.

erais.

IMPARFAIT *de l'indicatif.*

ais.

Pluriel de l'Indicatif.

ons, ez, ent.

SUBJONCTIF PRÉSENT.

e.
En ôtant *je, nous, vous,*
on a
l'IMPÉRATIF.

IMPARFAIT *du Subjonct.,*

asse.

j'ai, j'avais, j'eus. et
9 temps composés.

2e CONJUGAISON.

INFINITIF PRÉSENT.

ir.

FUTUR.

irai.

CONDITIONNEL.

irais.

PARTICIPE PRÉSENT.

issant.

INDICATIF PRÉSENT.

Je is,
Nous issons,
Vous issez.

PASSÉ DÉFINI.

is.

PARTICIPE PASSÉ.

i.

IMPARFAIT *de l'Indicatif.*

issais.

Pluriel de l'Indicatif.

issons, issez, issent.

SUBJONCTIF PRÉSENT.

isse.

En ôtant, *je, nous, vous,*
on a

l'IMPÉRATIF.

IMPARFAIT *du Subjonct.*

isse.

j'ai, j'avais, j'eus, et
9 temps composés.

3ᵉ CONJUGAISON.

INFINITIF PRÉSENT.

evoir.

PARTICIPE PRÉSENT.

evant.

INDICATIF PRÉSENT.

Je ois.
Nous evons
Vous evez.

FUTUR.

evrai.

CONDITIONNEL.

evrais.

IMPARFAIT *de l'Indicatif.*

evais.

Pluriel de l'Indicatif.

evons, evez, oivent.

SUBJONCTIF PRÉSENT.

oive.

En ôtant, *je, nous, vous,*
on a l'IMPÉRATIF.

PASSÉ DÉFINI.	IMPARFAIT *du Subjonct.*
us.	usse.
PARTICIPE PASSÉ.	*j'ai, j'avais, j'eus,* et
u.	9 temps composés.

4e CONJUGAISON.

INFINITIF PRÉSENT.	FUTUR.
re.	rai.
	CONDITIONNEL.
	rais.
PARTICIPE PRÉSENT.	IMPARFAIT *de l'Indicatif.*
ant.	ais.
	Pluriel de l'Indicatif.
	ons, ez, ent.
	SUBJONCTIF PRÉSENT.
INDICATIF PRÉSENT.	e.
Je s,	En ôtant, *je, nous, vous,* on a
Nous ons,	
Vous ez.	l'IMPÉRATIF.
PASSÉ DÉFINI.	IMPARFAIT *du Subjonct.*
is.	isse.
PARTICIPE PASSÉ.	*j'ai, j'avais, j'eus* et
u.	9 temps composés.

VERBE : *AVOIR.*

INDICATIF.

Présent.

J'ai,
Tu as,
Il a,
Nous avons,
Vous avez,
Ils ont.

Passé défini.

J'eus,
Tu eus,
Il eut,
Nous eûmes,
Vous eûtes,
Ils eurent.

Imparfait.

J'avais,
Tu avais,
Il avait,
Nous avions,
Vous aviez,
Ils avaient.

Futur.

J'aurai,
Tu auras,
Il aura,
Nous aurons,
Vous aurez,
Ils auront.

CONDITIONNEL.

Présent.

J'aurais,
Tu aurais,
Il aurait,
Nous aurions,
Vous auriez,
Ils auraient.

IMPÉRATIF.

Présent.

Aie,
Ayons,
Ayez.

SUBJONCTIF.

Présent.	*Imparfait.*
Que j'aie,	Que j'eusse,
Que tu aies,	Que tu eusses,
Qu'il ait,	Qu'il eût,
Que nous ayons,	Que nous eussion
Que vous ayez.	Que vous eussiez,
Qu'ils aient.	Qu'ils eussent.

INFINITIF.

Présent.   Avoir.

PARTICIPE.

Présent.   Ayant.

Passé. m. s. *eu*, f. s. *eue* ; m. p. *eue*, f. p. *eues*.

NEUF TEMPS COMPOSÉS.

INDICATIF.

Passé indéfini.	*Plus-que-Parfait.*
J'ai eu,	J'avais eu,
Tu as eu,	Tu avais eu,
Il a eu,	Il avait eu,
Nous avons eu,	Nous avions eu,
Vous avez eu,	Vous aviez eu,
Ils ont eu.	Ils avaient eu.

Passé antérieur.	*Futur passé.*
J'eus eu,	J'aurai eu,
Tu eus eu,	Tu auras eu,
Il eut eu,	Il aura eu,
Nous eûmes eu,	Nous aurons eu,
Vous eûtes eu,	Vous aurez eu,
Ils eurent eu.	Ils auront eu.

CONDITIONNEL.

Passé.

J'aurais eu,
Tu aurais eu,
Il aurait eu,
Nous aurions eu,
Vous auriez eu,
Ils auraient eu.

IMPÉRATIF.

Passé.

Aie eu,
Ayons eu,
Ayez eu.

SUBJONCTIF.

Passé.	*Plus-que-Parfait.*
Que j'aie eu,	Que j'eusse eu,
Que tu aies eu,	Que tu eusses eu,
Qu'il ait eu,	Qu'il eût eu.
Que nous ayons eu,	Que nous eussions eu,
Que vous ayez eu,	Que vous eussiez eu,
Qu'ils aient eu.	Qu'ils eussent eu.

INFINITIF.

Passé.　　Avoir eu.

PARTICIPE.

Passé.　　Ayant eu.

VERBE : *ÊTRE.*

INDICATIF.

Présent.	*Passé défini.*
Je suis,	Je fus,
Tu es,	Tu fus,
Il est,	Il fut,
Nous sommes,	Nous fûmes,
Vous êtes,	Vous fûtes,
Ils sont.	Ils furent.

Imparfait.	*Futur.*
J'étais,	Je serai,
Tu étais,	Tu seras,
Il était,	Il sera,
Nous étions,	Nous serons,
Vous étiez,	Vons serez,
Ils étaient.	Ils seront.

CONDITIONNEL.

Présent.

Je serais,
Tu serais,
Il serait.
Nous serions,
Vous seriez,
Ils seraient.

IMPÉRATIF.

Présent.

Sois,
Soyons,
Soyez.

SUBJONCTIF.

Présent.	*Imparfait.*
Que je sois,	Que je fusse,
Que tu sois,	Que tu fusses,
Qu'il soit,	Qu'il fût,
Que nous soyons,	Que nous fussions
Que vous soyez,	Que vous fussiez,
Qu'ils soient.	Qu'ils fussent.

INFINITIF.

Présent.　Être.

PARTICIPE.

Présent.　Étant.
Passé.　Été.

NEUF TEMPS COMPOSÉS.

INDICATIF.

Passé indéfini.	*Plus-que-Parfait.*
J'ai été,	J'avais été,
Tu as été,	Tu avais été,
Il a été,	Il avait été,
Nous avons été,	Nous avions été,
Vous avez été,	Vous aviez été,
Ils ont été.	Ils avaient été.

Passé antérieur.	*Futur passé.*
J'eus été,	J'aurai été,
Tu eus été,	Tu auras été,
Il eut été.	Il aura été,
Nous eûmes été,	Nous aurons été,
Vous eûtes été,	Vous aurez été.
Ils eurent été.	Ils auront été.

CONDITIONNEL.

Passé.

J'aurais été,
Tu aurais été.
Il aurait été,
Nous aurions été,
Vous auriez été,
Ils auraient été.

IMPÉRATIF.

Passé.

Aie été,
Ayons été,
Ayez été.

SUBJONCTIF.

Passé.	*Plus-que-Parfait.*
Que j'aie été,	Que j'eusse été,
Que tu aies été,	Que tu eusses été,
Qu'il ait été,	Qu'il eût été,
Que nous ayons été,	Que nous eussions été,
Que vous ayez été.	Que vous eussiez été,
Qu'ils aient été.	Qu'ils eussent été.

INFINITIF.

Passé.   Avoir été.

PARTICIPE.

Passé.   Ayant été.

EMPLOI DU SUBJONCTIF.

On se sert du subjonctif :

1° Après les verbes qui expriment la volonté, le commandement, le souhait, le désir, la crainte, le doute, la peur, etc.;

2° Après les verbes interrogatifs marquant le doute ;

3° Après les verbes négatifs marquant le doute;

4° Après les verbes unipersonnels marquant le doute ;

5° Après les conjonctions marquant le doute, telles que, *avant que, afin que, pour que,* etc.

Le subjonctif a quatre temps : 1° *Présent;* 2° *l'Imparfait;* 3° *le Passé;* 4° *Plus-que-parfait.*

Dans une phrase, il peut se trouver quatre sortes de propositions :

1° Principale absolue — P A — 1er chef ;

2° Principale relative — P R — chef subordonné ;

3° Incidente déterminative — complète une P — ou une autre incidente—I D ;

4° Incidente explicative — explique une princ. —ou une autre incidente - I - exp.

1re *Règle.*

Le verbe de la phrase principale étant au présent ou au futur de l'indicatif, le verbe de l'incidente se met au présent du subjonctif pour marquer un présent ou un futur.

2e *Règle.*

Le verbe de la phrase principale étant au présent ou au futur de l'indicatif, le verbe de l'incidente se met au passé du subjonctif pour marquer un passé.

3e *Règle.*

Le verbe de la phrase principale étant à l'imparfait, passé défini, passé indéfini, passé antérieur, plus-que-parfait de l'indicatif, et aux conditionnels, le verbe de l'incidente se met à l'imparfait du subjonctif pour marquer un présent ou un futur.

4e *Règle.*

Le verbe de la phrase principale étant à l'imparfait, passé défini, passé indéfini, passé antérieur, plus-que-parfait de l'indicatif et aux conditionnels, le verbe de l'incidente se met au plus-que-parfait du subjonctif, pour marquer un passé.

5e *Règle.*

Au lieu du présent du subjonctif dans la 1re règle, on met l'imparfait du subjonctif, et au lieu du passé du subjonctif, dans la 2e, on met le plus-que-parfait du subjonctif, si ce subjonctif est suivi d'une expression conditionnelle, accompagnée d'un imparfait ou d'un plus-que-parfait.

FORMATION DES TEMPS.

INFINITIF PRÉSENT.	FUTUR.
	CONDITIONNEL.
PARTICIPE PRÉSENT.	IMPARFAIT *de l'Indicatif.*
	Pluriel de l'Indicatif.
	SUBJONCTIF PRÉSENT.
Pluriel de l'Indicatif.	En ôtant *je, nous, vous,* on a l'IMPÉRATIF.
PASSÉ DÉFINI.	IMPARFAIT *du Subjonctif*
PARTICIPE PASSÉ.	*J'ai; j'avais, j'eus ;* et neuf temps composés.

VERBES IRRÉGULIERS.

1re CONJUGAISON.

Aller.	irai.
	irais.
Allant.	ais.
	ons, ez, vont.
	Que j'aille.
Je vais,	Va,
Nous allons,	Allons,
Vous allez.	Allez.

J'allai.	asse.
Allé.	Je suis, j'étais, je fus. Neuf temps composés.

Envoyer.	J'enverrai. J'enverrais.
Envoyant.	ais. ons, ez, ent (*i*). e (*i*).
J'envoie, Nous envoyons, Vous envoyez.	Envoie, Envoyons, Envoyez.
J'envoyai.	asse.
Envoyé.	J'ai, j'avais, j'eus. Neuf temps composés.

2ᶜ CONJUGAISON.

Acquérir.	J'acquerrai. J'acquerrais.
Acquérant.	ais. ons, ez, ils acquièrent. Que j'acquière.
J'acquiers, Nous acquérons, Vous acquérez.	Acquiers, Acquérons, Acquérez.
J'acquis.	isse.
Acquis.	J'ai, j'avais, j'eus.

Bouillir.	irai.
	irais.
Bouillant.	ais.
	ons, ez, ent.
	e.
Je bous,	Bous,
Nous bouillons,	Bouillons,
Vous bouillez.	Bouillez.
Je bouillis.	isse.
Bouilli.	J'ai, j'avais, j'eus.
Courir.	Je courrai.
	Je courrais.
Courant.	ais.
	ons, ez, ent.
	e.
Je cours,	Cours,
Nous courons,	Courons,
Vous courez.	Courez.
Je courus.	usse.
Couru.	J'ai, j'avais, j'eus.
Cueillir	Je cueillerai.
	Je cueillerais.
Cueillant.	ais.
	ons, ez, ent.
	e.

Je cueille,	Cueille,
Nous cueillons,	Cueillons,
Vous cueillez.	Cueillez.
Je cueillis.	isse.
Cueilli.	J'ai, j'avais, j'eus.

Dormir.	irai.
	irais.
Dormant.	ais.
	ons, ez, ent
	e.
Je dors,	Dors,
Nous dormons,	Dormons,
Vous dormez.	Dormez.
Je dormis.	isse
Dormi.	J'ai, j'avais, j'eus.

Faillir.	irai.
	irais.
Faillant.	ais.
	ons, ez, ent.
	e.
Je faux,	Faux,
Nous faillons,	Faillons,
Vous faillez.	Faillez.
Je faillis.	isse.
Failli.	J'ai, j'avais, j'eus.

Fuir.	irai.
	irais.
Fuyant.	ais.
	ons, ez, ent (*i*).
	e (*i*).
Je fuis,	Fuis,
Nous fuyons,	Fuyons,
Vous fuyez.	Fuyez.
Je fuis.	isse.
Fui.	J'ai, j'avais, j'eus.

Mentir.	irai.
	irais.
Mentant.	ais.
	ons, ez, ent.
	e.
Je mens,	Mens,
Nous mentons,	Mentons,
Vous mentez.	Mentez
Je mentis.	isse.
Menti.	J'ai, j'avais, j'eus.

Mourir.	Je mourrai.
	Je mourrais.
Mourant.	ais.
	ons, ez, ils meurent.
	Que je meure.

Je meurs,	Meurs,
Nous mourons,	Mourons,
Vous mourez.	Mourez.
Je mourus.	usse.
Mort.	Je suis, j'étais, je fus.

Offrir.	irai.
	irais.
Offrant.	ais.
	ons, ez, ent.
	e.
J'offre,	Offre,
Nous offrons,	Offrons,
Vous offrez.	Offrez.
J'offris.	isse.
Offert.	J'ai, j'avais, j'eus.

Ouvrir.	irai.
	irais.
Ouvrant.	ais.
	ons, ez, ent.
	e.
J'ouvre,	Ouvre,
Nous ouvrons,	Ouvrons,
Vous ouvrez.	Ouvrez.
J'ouvris.	isse.
Ouvert.	J'ai, j'avais, j'eus.

Partir	irai.
	irais.
Partant.	ais.
	ons, ez, ent.
	e.
Je pars,	Pars,
Nous partons,	Partons,
Vous partez.	Partez.
Je partis.	isse.
Parti.	Je suis, j'étais, je fus.

Assaillir.	irai.
	irais.
Assaillant.	ais.
	ons, ez, ent.
	e.
J'assaille.	Assaille,
Nous assaillons.	Assaillons,
Vous assaillez.	Assaillez.
J'assaillis.	isse.
Assailli.	J'ai, j'avais, j'eus.

Férir.

Gésir.	irai.
	irais.
Gisant.	ais.
	ons, ez, ent.
	e.
Il gît.	

Tressaillir.	irai.
	irais.
Tressaillant.	ais.
	ons, ez, ent.
	e.
Je tressaille.	Tressaille.
Nous tressaillons	Tressaillons.
Vous tressaillez.	Tressaillez.
Je tressaillis.	isse.
Tressailli.	J'ai, j'eus, j'avais.

Partir, divisé en plusieurs parts, ne s'emploie qu'à l'infinitif.

Sentir.	irai.
	irais.
Sentant.	ais.
	ons, ez, ent.
	e.
Je sens,	Sens,
Nous sentons,	Sentons,
Vous sentez.	Sentez.
Je sentis.	isse.
Senti.	J'ai, j'avais, j'eus.

| Sortir. | irai. |
| | irais. |

Sortant.	ais.
	ons, ez, ent.
	e.
Je sors,	Sors,
Nous sortons,	Sortons,
Vous sortez.	Sortez.
Je sortis.	isse.
Sorti.	Je suis, j'étais, je fus.
Sorti (mis dehors).	J'ai, j'avais, j'eus.

Sortir (terme de palais, *obtenir*), se conjugue sur le modèle de la 2ᵉ conjugaison.

Tenir.	Je tiendrai,
	Je tiendrais.
Tenant.	ais.
	ons, ez, ils tiennent.
	Que je tienne.
Je tiens,	Tiens,
Nous tenons,	Tenons,
Vous tenez.	Tenez.
Je tins.	Que je tinsse.
Tenu.	J'ai, j'avais, j'eus.
Venir.	Je viendrai.
	Je viendrais.

Venant.	ais
	ons, ez, ils viennent.
	Que je vienne.
Je viens.	Viens,
Nous venons.	Venons,
Vous venez.	Venez.
Je vins.	Je vinsse,
Venu.	Je suis. j'étais, je fus.

Vêtir.	irai,
	irais.
Vêtant.	ais.
	ons, ez, ent.
	e.
Je vêts	Vêts,
Nous vêtons.	Vêtons,
Vous vêtez.	Vêtez,
Je vêtis.	isse.
Vêtu.	J'ai, j'avais, j'eus.

3e CONJUGAISON.

J'asseoir.	eirai, iérai, eierai, eoirai, eirais, iérais, eierais, eoirais.
J'asseyant.	ais,
	ons, ez, ent, (i)
	e, (i)

2

S'assoyant.	ais, ons, ez, ent (i) e.
Je m'assieds. Nous nous asseyons. Vous vous asseyez.	Assieds-toi, Asseyons-nous Asseyez-vous,
Je m'assois. Nous nous assoyons. Vous vous asseyez.	Assois-toi, Assoyons-nous, Assoyez-vous,
Je m'assis	isse,
Assis.	Je me suis, je m'étais.
Devoir.	rai rais
Devant.	ais ons, ez, ils doivent. que je doive
Je dois. Nous devons. Vous devez.	Dois Devons Devez
Je dus.	usse
Dû.	J'ai, j'avais, j'eus.
Choir.	
Déchoir,	errai, errais,

Déchéant,	Je déchoyais,
	oyons, oyez, oient
	oie,
Je déchois,	Déchois,
Nous déchoyons,	Déchoyons,
Vous déchoyez,	Déchoyez,
Je déchus,	usse,
Déchu,	J'ai, j'avais, j'eus
Déchu.	Je suis, j'étais, je fus.

Echoir,	errai,
	errais,
Echéant,	oyons, oyez, oient,
	oie,
J'échois,	Echois,
Nous échoyons,	Echoyons,
Vous échoyez,	Echoyez,
J'échus,	usse,
Echu.	Je suis, j'étais, je fus.

Falloir,	Il faudra,
	Il faudrait,
	ait,
	Qu'il faille,
Il faut,	
Il fallut.	ût.
Fallu.	Il a, il avait, il eût.

Mouvoir,	vrai,
	vrais,
Mouvant,	ais,
	ons, ez, ils meuvent.
	Qu'il meuve,
Je meus,	meus,
Nous mouvons,	Meuvons,
Vous mouvez,	Mouvez,
Je mus,	usse,
Mu.	J'ai, j'avais, j'eus.

Pleuvoir,	Il pleuvra,
	Il pleuvrait,
Pleuvant,	ait,
	e,
Il pleut,	
Il plut,	ût,
Plu.	Il a, il avait, il eût

Prévaloir,	Je prévaudrai,
	Je prévaudrais,
Prévalant.	ais,
	ons, ez, ent.
	e,

Je prévaux,	Prévaux,
Nous prévalons.	Prévalons,
Vous prévalez,	Prévalez,
Je prévalus,	usse,
Prévalu,	J'ai, j'avais, j'eus.

Pouvoir,	Je pourrai,
	Je pourrais.
Pouvant,	ons,
	ais, ez, ils peuvent.
	Que je puisse.
Je peux, je puis,	
Nous pouvons,	
Vous pouvez,	
Je pus,	usse,
Pu,	J'ai, j'avais, j'eus.

Pourvoir,	Je pourvoirai,
	Je pourvoirais,
Pourvoyant,	ais,
	ons, ez, ent (i)
	e, (i)
Je pourvois,	Pourvois,
Nous pourvoyons,	Pourvoyons,
Vous pourvoyez,	Pourvoyez,
Je pourvus,	usse,
Pourvu,	J'ai, j'avais, j'eus.

Savoir,	Je saurai,
	Je saurais,
Sachant,	Je savais,
	Nous savons, vous savez,
	ils savent, q. je sache
Je sais,	Sache,
Nous savns,	Sachons,
Vous savez,	Sachez,
Je sus,	usse,
Su.	J'ai, j'avais j'eus.

Séoir (être assis),	
Séant,	
Sis.	J'ai, j'aurai, j'eus.

Seoir (être convenable)	Il siéra, ils siéront,
	il siérait, ils sieraient,
Seyant,	ait, aient,
	Qu'il seye, qu'ils seyent
Il sied, ils siéent.	

Surseoir,	eoirai,
	eoierais,
Sursoyant.	ais,
	ons, ez, ent.
	e,

Je sursois,	Sursois,
Nous sursoyons,	Sursoyons,
Vous sursoyez,	Sursoyez,
Je sursis,	isse,
Sursis.	J'ai, j'avais, j'eus.

Valoir,	Je vaudrai,
	Je vaudrais,
Valant.	ais,
	ons, ez, ent,
	Que je vaille,
Je vaux,	
Nous valons,	
Vous valez,	
Je valus.	usse,
Valu.	J'ai, j'avais, j'eus.

Voir,	Je verrai,
	Je verrais,
Voyant,	ais,
	ons, ez, ent, (i)
	e, (i)
Je vois,	Vois,
Nous voyons,	Voyons,
Vous voyez,	Voyez,
Je vis,	isse,
Vu.	J'ai, j'avais, j'eus.

Vouloir.	Je voudrai, Je voudrais,
Voulant,	ais, ons, ez, ils veulent, Que je veuille,
Je veux, Nous voulons, Vous voulez,	Veuille, Veuillons, Veuillez,
Je voulus,	usse,
Voulu	J'ai, j'avais, j'eus.

4e CONJUGAISON.

Absoudre,	rai, rais,
Absolvant,	ais, ons, ez, ent, e,
J'absous, Nous absolvons, Vous absolvez,	Absous, Absolvons, Absolvez,
Absous,	J'ai, j'avais, j'eus.

Battre,	rai, rais,
Battant,	ais, ons, ez, ent, e,

Je bats,	Bats,
Nous battons,	Battons,
Vous battez,	Battez,
Je battis,	isse,
Battu,	J'ai, j'avais, j'eus,

Boire,	rai,
	rais,
Buvant,	ais,
	ons, ez, ils boivent,
	Que je boive,
Je bois,	Bois,
Nous buvons,	Buvons,
Vous buvez,	Buvez,
Je bus,	usse,
Bu.	J'ai, j'avais, j'eus,

Braire,	Il braira,
	Il brairait.
Il brait.	

Bruire,	Il bruira,
	Il bruirait,
Bruyant.	ait.

Circoncire,	rai,
	rais,

Circoncisant,	ais.
	ons, ez, ent,
	e,
Je circoncis,	Circoncis
Nous circoncisons,	Circoncisons.
Vous circoncisez,	Circoncisez,
Je circoncis,	isse,
Circoncis,	J'ai, j'avais, j'eus.
Clore,	rai,
	rais,
Je clos,	
Clos.	J'ai, j'avais, j'eus,
Conclure	rai,
	rais,
Concluant.	ais,
	ons, ez, ent.
	e.
Je conclus,	Conclus.
Nous concluons,	Concluons
Vous concluez.	Concluez.
Je conclus.	usse.
Conclu.	J'ai, j'avais, j'eus.
Confire,	rai,
	rais,

Confisant.	ais, ons, ez, ent, e
Je confis, Nous confisons, Vous confisez,	Confis, Confisons, Confisez,
Je confis.	isse.
Confit.	J'ai, j'avais, j'eus.

Coudre,	rai, rais,
Cousant,	ais, ons, ez, ent. e.
Je couds, Nous cousons, Vous cousez	Couds, Cousons, Cousez,
Je cousis,	isse.
Cousu	J'ai, J'avais, J'eus.

Croire,	rai, rais,
Croyant,	ais, ons, ez, ent. (i) e. (i)

Je crois,	Crois,
Nous croyons,	Croyons,
Vous croyez,	Croyez,
Je crus,	usse.
Cru.	J'ai, j'avais, j'eus.

Croître,	rai,
	rais,
Croissant.	ais,
	ons, ez, ent,
	e.
Je croîs,	Croîs,
Nous croissons,	Croissons,
Vous croissez,	Croissez
Je crûs,	usse,
Crû,	J'ai, j'avais, j'eus.

Dire,	rai,
	rais,
Disant,	ais,
	ons, vous dites, ent.
	e.
Je dis,	Dis,
Nous disons,	Disons,
Vous dites,	Dites,
Je dis,	isse,
Dit	J'ai, j'avais, j'eus.

Eclore,	Il éclora,
	Il éclorait,
Il éclôt,	
Ēclos,	J'ai, j'avais, j'eus.

Écrire,	rai,
	rais,
Écrivant,	ais,
	ons, ez, ent.
	e.
J'écris,	Ecris,
Nous écrivons	Ecrivons,
Vous écrivez,	Ecrivez.
J'écrivis,	isse,
Ecrit.	J'ai, j'avais, j'eus,

Exclure,	rai,
	rais,
Excluant,	ais,
	ons, ez, ent.
	e.
J'exclus,	Exclus,
Nous excluons,	Excluons,
Vous excluez,	Excluez,
J'exclus,	usse.
Exclu.	J'ai, j'avais, j'eus.

Faire,	Je ferai, Je ferais,
Faisant,	ais, ons, Vous faites, ils font. Que je fasse,
Je fais, Nous faisons, Vous faites,	Fais, Faisons, Faites,
Je fis,	isse.
Fait.	J'ai, j'avais, j'eus.

Joindre,	rai, rais,
Joignant,	ais, ons, ez, ent. e.
Je joins, Nous joignons, Vous joignez,	Joins, Joignons, Joignez,
Je joignis,	isse,
Joint.	J'ai, j'avais, j'eus.

Lire,	rai, rais,
Lisant,	ais, ons, ez, ent. e,

Je lis,	Lis,
Nous lisons,	Lisons.
Vous lisez,	Lisez,
Je lus,	usse.
Lu.	J'ai, j'avais, j'eus.

Luire,	rai,
	rais,
Luisant,	ais,
	ons, ez, ent.
	e.
Je luis,	Luis,
Nous luisons,	Luisons,
Vous luisez,	Luisez,
Lui.	J'ai, j'avais, j'eus.

Maudire,	rai,
	rais,
Maudissant,	ais,
	ons, ez, ent.
	e.
Je maudis,	Maudis,
Nous maudissons,	Maudissons,
Vous maudissez ,	Maudissez,
Je maudis,	isse,
Maudit.	J'ai, j'avais, j'eus.

Mettre,	rai,
	rais,
Mettant,	ais,
	ons, ez, ent.
	e.
Je mets,	Mets,
Nous mettons,	Mettons,
Vous mettez,	Mettez,
Je mis,	isse,
Mis.	J'ai, j'avais, j'eus.

Moudre,	rai,
	rais,
Moulant,	ais,
	ons, ez, ent.
	e.
Je mouds,	Mouds,
Nous moulons,	Moulons,
Vous moulez,	Moulez,
Je moulus,	usse,
Moulu	J'ai, j'avais, j'eus.

Naître,	rai,
	rais,
Naissant,	ais,
	ons, ez, ent,
	e.

Je nais,	Nais,
Nous naissons,	Naissons,
Vous naissez,	Naissez,
Je naquis,	isse.
Né	Je suis, j'étais, je fus.

Nuire,	rai,
	rais,
Nuisant,	ais,
	ons, ez, ent.
	e.
Je nuis,	Nuis,
Nous nuisons,	Nuisons,
Vous nuisez,	Nuisez,
Je nuisis,	isse,
Nui.	J'ai, j'avais, j'eus.

Prendre,	rai,
	rais,
Prenant,	ais,
	ons, ez, ils prennent.
	Que je prenne,
Je prends,	Prends,
Nous prenons,	Prenons,
Vous prenez,	Prenez,
Je pris,	isse,
Pris.	J'ai, j'avais, j'eus.

Répondre.	rai,
	rais,
Répondant,	ais,
	ons, ez, ent.
	e.
Je réponds,	Réponds.
Nous répondons,	Répondons,
Vous répondez,	Répondez,
Je répondis,	isse,
Répondu.	J'ai, j'avais, j'eus.

Résoudre,	rai,
	rais,
Résolvant.	ais,
	ons, ez, ent.
	e.
Je résous,	Résous.
Nous résolvons,	Résolvons,
Vous résolvez,	Résolvez,
Je résolus,	usse.
Résous ou résolu.	J'ai, j'avais, j'eus.

Rire,	rai,
	rais,
Riant,	ais,
	ons, ez, ent.
	e.

Je ris,	Ris
Nous rions,	Rions,
Vous riez,	Riez,
Je ris,	isse.
Ri.	J'ai, j'avais, j'eus.

Rompre,	rai,
	rais,
Rompant,	ais,
	ons, ez, ent,
	e,
Je romps,	Romps,
Nous rompons,	Rompons,
Vous rompez,	Rompez,
Je rompis,	isse,
Rompu.	J'ai, j'avais, j'eus.

Suivre,	rai,
	rais,
Suivant,	ais,
	ons, ez , ent.
	e.
Je suis,	Suis,
Nous suivons,	Suivons,
Vous suivez,	Suivez,
Je suivis,	isse.
Suivi.	J'ai, j'avais, j'eus.

Suffire,	rai,
	rais,
Suffisant,	ais,
	ons, ez, ent,
	e.
Je suffis,	Suffis,
Nous suffisons,	Suffisons,
Vous suffisez,	Suffisez,
Je suffis,	isse,
Suffi.	J'ai, j'avais, j'eus.

Traire,	rai,
	rais,
Trayant,	ais,
	ons, ez, ent.
	e.
Je trais,	Trais,
Nous trayons,	Trayons
Vous trayez,	Trayez,
Trait.	J'ai, j'avais, j'eus.

Vaincre,	rai,
	rais,
Vainquant,	ais,
	ons, ez, ent.
	e.

Je vaincs,	Vaincs.
Nous vainquons.	ainquons,
Vous vainquez,	Vainquez,
Je vainquis,	isse,
Vaincu.	J'ai, j'avais, j'eus

Vivre,	rai,
	rais,
Vivant,	ais,
	ons, ez, ent,
	e.
Je vis,	Vis,
Nous vivons,	Vivons,
vous vivez,	Vivez,
Je vécus,	usse.
Vécu.	J,'ai, j'avais, j'eus.

ARITHMÉTIQUE

SYSTÈME METRIQUE.

Un centimètre est la moitié de la largeur d'un doigt d'homme approximativement.

Un décimètre, c'est la largeur d'une main d'homme approximativement.

Un mètre, c'est la longueur depuis l'épaule gauche jusqu'au bout de la main droite à peu près.

M^{tre} Unité de longueur.

M^2 Unité de surface.

DM^2 Are. Unité pour les mesures agraires.

M^3 Unité de volume.

M^3 St. Unité de volume pour les bois à brûler.

d M^3 Litre. Unité des liquides.

c M^3 Gramme. C'est le poids d'un centimètre cube d'eau pure distillée à la température 4 degrés $^3/_{10}$ du thermomètre centigrade.

Le franc, pèse 5 grammes ou 5 cM^3, il contient $^9/_{10}$ d'argent et $^1/_{10}$ d'alliage, c'est l'unité des monnaies.

Le mètre carré a deux dimensions, longueur et largeur.

Le mètre cube a trois dimensions, longueur, largeur, profondeur.

Les multiples viennent des mots grecs :

Déca $= \text{D} = 10$
Hecto $= \text{H} = 100$
Kilo $= \text{K} = 1000$
Myria $= \text{My} = 10000$

DM $=$ Dst $=$ DL $=$ DG $=$ DA $=$ DM² $=$ DM³
HM $=$ Hst $=$ HL $=$ HG $=$ HA $=$ HM² $=$ HM³
KM $=$ Kst $=$ KL $=$ KG $=$ KA $=$ KM² $=$ KM³
MyM$=$Myst $=$MyL $=$ MyG$=$MyA$=$ MyM²$=$MyM³

Les sous-multiples viennent des mots latins.

déci $= \text{d} = 0$
centi $= \text{c} = 0,01$
milli $= \text{m} = 0,001$

dM $=$ dst $=$ dL $=$ dG $=$ dA $=$ dM² $=$ dM³
cM $=$ cst $=$ cL $=$ cG $=$ cA $=$ CM² $=$ cM³
mM $=$ mst $=$mL $=$ mG $=$ mA $=$ mM²$=$ mM³

Le système métrique vient du mètre unité fon-
damentale, il suit le système décimal, dont la
base est 10.

Ainsi, une unité d'un ordre supérieur, exprime
des dizaines de l'ordre immédiatement inférieur,
et une unité d'un ordre inférieur, exprime des
dixièmes de l'ordre immédiatement supérieur;
or, il faut un chiffre pour exprimer des dixièmes,
donc, il faut également un chiffre pour exprimer
les diverses utités métriques.

My K H D U, d c m.
My $= 10$ K
K $= 10$ H
H $= 10$ D
D $= 10$ U

$$U = 10 \; d$$
$$d = 10 \; c$$
$$c = 10 \; m$$

Le tour de la terre s'appelle circonférence.

Il a

40,000,000 M.

4,000,000 mD.

400,000 HM

40,000 KM.

4,000 MM.

Donc, le mètre est la 10,000,000me partie du quart du méridien terrestre.

Un KM = $^1/_4$ d'une lieue de poste.

Un MyM = 2,5 lieues de poste.

Le carré d'un nombre, c'est le produit de ce nombre par lui-même, autrement dit, c'est un nombre deux fois facteur.

Tableau des premiers nombres carrés ;

$1^2 = 1$	$My^2 \; K^2 \; H^2 \; D^2 \; M^2, \; d^2 \; c^2 \; m^2$
$2^2 = 4$	$My^2 \; M = 100 \qquad K^2 \; M$
$3^2 = 9$	$K^2 \; M = 100 \qquad H^2 \; M$
$4^2 = 16$	$H^2 \; M = 100 \qquad D^2 \; M$
$5^2 = 25$	$D^2 \; M = 100 \qquad M^2$
$6^2 = 36$	$M^2 = 100 \qquad d^2 \; M$
$7^2 = 49$	$d^2 \; M = 100 \qquad c^2 \; M$
$8^2 = 64$	$c^2 \; M = 100 \qquad m^2 \; M$
$9^3 = 81$	
$10^2 = 100$	

Donc, toute unité carrée d'un ordre supérieur, exprime des centaines de l'ordre immédiatement inférieur, et toute unité carrée d'un ordre inférieur, exprime des centièmes de l'ordre immédiatement supérieur.

Or, il faut deux chiffres pour exprimer les centièmes, donc il faut également deux chiffres pour exprimer les diverses unités carrées.

NOTA. On remplace par deux zéros les diverses unités carrées manquant.

Le cube d'un nombre, c'est le carré de ce nombre par lui-même, autrement dit, c'est un nombre trois fois facteur.

Tableau des dix premiers nombres cubes :

$1^3 = 1$	$MyM^3\ KM^3\ HM^3\ DM^3\ M^3,\ dM^3\ cM^3\ mM^3$	
$2^3 = 8$		
$3^3 = 27$	$MM^3 = 1,000$	HM^3
$4^3 = 64$	$KM^3 = 1,000$	HM^3
$5^3 = 125$	$HM^3 = 1,000$	DM^3
$6^3 = 216$	$DM^3 = 1,000$	M^1
$7^3 = 343$	$M^3 = 1,000$	$d\ M^3$
$8^3 = 512$	$dM^3 = 1,000$	$c\ M$
$9^3 = 729$	$cM^3 = 1,000$	mM^3
$10^3 = 1000$		

Or, toute unité cube d'un ordre supérieur exprime des mille de l'ordre immédiatement inférieur, et toute unité cube d'un ordre inférieur, exprime des millièmes de l'ordre immédiatement supérieur.

Or, il faut trois chiffres pour exprimer les millièmes, donc, il faut également trois chiffres pour exprimer les diverses unités cubes.

NOTA. On remplace par trois zéros les diverses unités cubes manquant.

Conversion d'une mesure en une autre.

$$d\,M^3 = 1 \text{ Litre} - L.$$
$$d\,M^5 = 1 \text{ Gramme} - G.$$
$$M^3 = 1 \text{ Stère} - S.$$
$$D\,M^5 = 1 \text{ Are} - A.$$
$$F = 5\,G\,5\,c - M^3$$

ADDITION.

Posez les unités du même ordre, les unes sous les autres.

M	K	H	D	U'	d	c	m.
M	K	H	D	U'	d	c	m.

My^2	K^2	H^2	etc.
My^2	K^2	H^2	etc.

My^3	K^3	H^3	etc.
My^3	K^3	H^3	etc.

Les carrés ont deux chiffres, les cubes en ont trois, on remplace par des zéros les diverses unités manquant et les tranches manquant, puis opérez.

SOUSTRACTION.

Posez comme à l'addition, puis mettez des zéros s'il y a lieu, et opérez.

MULTIPLICATION.

Opérez comme à la multiplication des décimales.

Ayez soin si vous achetez au (K), de poser les unités des (F) sous les (K), autrement dit, les unités des (F) doivent être sous les unités de la mesure dont il s'agit dans la question.

Les entiers à gauche, les décimales à droite

1re Nota. Sachant le prix de l'unité (G), si l'on veut connaître le prix de l'unité supérieure (KG), on recule la virgule vers la droite, d'autant de rangs vers la gauche, relativement à l'unité primitive (G).

My K H D G, d c m.
3 2 1,

2e Nota. Sachant le prix de l'unité (G), si l'on veut connaître le prix de l'unité inférieure (mG), on recule la virgule vers la gauche d'autant de rangs que l'unité inférieure (mG), occupe de rangs vers la droite, relativement à l'unité primitive (G).

My K H D G, d c m.
1 2 3.

Pour $\times 10$, on recule la virgule d'un rang vers la droite ; pour $\times 100$, deux rangs vers la droite, etc.

Pour < 10, on recule la virgule d'un rang vers la gauche ; pour < 100, on recule la virgule deux rangs vers la gauche, etc.

DIVISION, DEUX CAS.

1er Cas. Lorsque le dividende et le diviseur ont des unités différentes, on écrit les nombres comme on les dicte ; celui qui exprime des unités métriques s'ecrit d'après l'échelle, on met des zéros aux unités manquant, et le reste comme aux divisions décimales.

2e CAS. Quand le dividende et le diviseur expriment des unités de même nature, on les écrit d'après l'échelle, puis opérez comme aux divisions décimales, on obtient au quotient des francs, puis virgule, puis les parties sous-multiples.

ÉCHELLE DE NUMÉRATION.

1	10	100
2	20	200
3	30	300
4	40	400
5	50	500
6	60	600
7	70	700
8	80	800
9	90	900
10	100	1000

Les nombres entiers et le système décimal.

ADDITION.

L'addition est une opération qui consiste à réunir plusieurs nombres de même espèce en un seul. Le résultat de l'addition s'appelle somme ou total.

$$F = A + B + C + D, \text{ etc. } = T \text{ ou } S.$$

SOUSTRACTION.

La soustraction est une opération dont le but est d'obtenir la différence entre deux nombres.

Le résultat de la soustraction s'appelle reste, excès ou différence.

$$F = G - P = R.$$

MULTIPLICATION.

La multiplication est une opération par laquelle on répète un nombre appelé multiplicande, autant de fois qu'il y a d'unités dans un autre nombre appelé multiplicateur.

Le résultat de la multiplication se nomme produit, le multiplicande et le multiplicateur sont les facteurs du produit, parce que ce sont eux qui font le produit.

$$F = M \times m = P.$$

DIVISION.

La division est une opération qui consiste à trouver le facteur d'un produit, lorsque le produit et l'autre facteur sont connus, le produit connu s'appelle dividende, le facteur connu s'appelle diviseur, et le facteur cherché, quotient.

$$F = \frac{D}{d} = Q + \frac{R}{d}$$

ÉCHELLE DES ENTIERS.

$3 \times 1 = 3 = U$	cdU	. . . . U
$3 \times 2 = 6 = m$	cdm	. . . . m
$3 \times 3 = 9 = M$	cdM	. . . . M
$3 \times 4 = 12 = B$	cdB	. . . . B
$3 \times 5 = 15 = T$	cdT	. . . . T
$3 \times 6 = 18 = Q^{ion}$	cd Q^{ion}	. . . Q^{ion}
$3 \times 7 = 21 = Q^{ion}$	cd Q^{ion}	. . . Q^{ion}
$3 \times 8 = 24 = S^{ion}$	cd S^{ion}	. . . S^{ion}
$3 \times 9 = 27 = S^{ion}$	cd S^{ion}	. . . S^{ion}
$3 \times 10 = 30 = O^{ion}$	cd O^{ion}	. . . O^{ion}

ÉCHELLE DES DÉCIMALES.

$3 \times 0 = 0 = U$	U, d^{es} c^{es}	0
$3 \times 1 = 3 = m^{es}$	m^{es} dm^{es} cm^{es}	m^{es}
$3 \times 2 = 6 = M^{es}$	M^{es} dM^{es} cM^{es}	M^{es}
$3 \times 3 = 9 = B^{es}$	B^{es} dB^{es} cB^{es}	B^{es}
$3 \times 4 = 12 = T^{es}$	T^{es} dT^{es} cT^{es}	T^{es}
$3 \times 5 = 15 = Q^{es}$	Q^{es} dQ^{es} cQ^{es}	Q^{es}
$3 \times 6 = 18 = Q^{es}$	Q^{es} dQ^{es} cQ^{es}	Q^{es}
$3 \times 7 = 21 = S^{es}$	S^{es} dS^{es} cS^{es}	S^{es}
$3 \times 8 = 24 = S^{es}$	S^{es} dS^{es} cS^{es}	S^{es}
$3 \times 9 = 27 = O^{es}$	O^{es} dO^{es} cO^{es}	O^{es}

ÉCHELLE MÉTRIQUE.

MULTIPLES.

Myria $= 10,000 = 4$ zéros $= 4$ chiffres $+ U$
Kilo $= 1,000 = 3$ zéros $= 3$ chiffres $+ U$

Hecto =	100 = 2 zéros = 2 chiffres + U
Deca =	10 = 1 zéro = 1 chiffre + U
Unité =	1 = = U

SOUS-MULTIPLES.

Déci = dixième 0,1. Uu chiffre après.

Centi = centième 0,01. Deux chiffres après.

Milli = millième 0,001. Trois chiffres après.

Dix-milli = dix millième 0,0001. Quatre chiffres après.

Cent milli = cent millièmes 0,000,01. Cinq chiffres après.

POIDS ET MESURES.

M —	Unité de	Longueur.
M^2 —		Surface.
DM^3 —	Are	Pour les champs.
M^3 —		Volume.
M^3 —	Stère	Bois de chauffage.
$d\,M^3$ —	Litre	Liquides.
$c\,M^3$ —	Gramme	Poids.
F —	5 G = 5 cM^3 =	Monnaies.

ADDITION DES DÉCIMALES.

L'addition des décimales se fait comme celle des nombres entiers, en plaçant les unités sous les unités, les virgules sous les virgules, les dixièmes sous les dixièmes, les centièmes sous les centièmes, les millièmes sous les millièmes, etc.

On opère, puis on met une virgule entre la partie entière et la partie décimale.

SOUSTRACTION.

La soustraction des décimales se fait comme celle des nombres entiers, en plaçant les unités sous les unités, les dixièmes sous les dixièmes, les centièmes sous les centièmes, les millièmes sous les millièmes, etc.

Il faut, cependant, ajouter des zéros au nombre supérieur, si ce nombre ne renferme pas autant de décimales que l'inférieur, on opère, puis on met une virgule entre la partie entière et la partie décimale.

MULTIPLICATION.

La multiplication des décimales se fait comme celle des nombres entiers, seulement, on sépare sur la droite du produit, autant de chiffres décimaux qu'il y en a dans les deux facteurs.

DIVISION.

La division des décimales se fait comme celle des nombres entiers; seulement, on regarde au dividende et au diviseur, combien il y a de chiffres décimaux, s'il n'y en a pas autant, on ajoute des zéros pour qu'il y en ait toujours autant d'un côté que de l'autre, on efface la virgule de part et d'autre, le dividende et le diviseur sont devenus entiers, le quotient exprime aussi des entiers, s'il y a un reste, on ajoute au dividende autant de zéros qu'on veut avoir de décimales au quotient.

FORMULES ET RAPPORTS.

1re RÉDUCTION.

RÉDUIRE LES ENTIERS EN FRACTIONS.

Multipliez les entiers par le dénominateur, ajoutez le numérateur, et divisez par le dénominateur.

$$F = \frac{E \times D + N}{D}$$

2e RÉDUCTION.

EXTRAIRE LES ENTIERS DES FRACTIONS.

Numérateur < dénominateur = Q = E + le reste, le numérateur, et le dénominateur c'est le même.

$$F = \frac{N}{D} = E + \frac{R}{D}$$

3e RÉDUCTION.

Réduire les fractions à leur plus simple expression.

DEUX CHOSES.

1° Cherchez le GCD. Le plus grand < par le plus petit, le petit par le premier reste, le premier reste par le second reste ; le dernier diviseur est le GCD.

$$F = \frac{G}{P} \frac{P}{R} \frac{R}{R'} \frac{R'}{R''} \frac{R''}{R'''} \text{ etc.} = GCD.$$

2º Puis divisez le numérateur par GCD, puis, divisez le dénominateur par le GCD, les deux quotiens sont les deux termes de la fraction réduite.

$$F = \frac{N}{D} < \frac{G \, c \, D = Q}{G \, c \, D = Q'}$$

4e RÉDUCTION.

METTRE LES FRACTIONS AU MÊME DÉNOMINATEUR.

Multipliez les deux termes de chaque fraction par le produit des dénominateurs des deux autres fractions.

$$F = \frac{N \times D' \times D'' \times D''',}{D \times D' \times D'' \times D'''} \text{ etc.} = \frac{N}{DC}$$

ADDITION.

DEUX CAS.

1er CAS. Quand les fractions ont le même dénominateur, additionnez les numérateurs, et < le total par le dénominateur commun.

$$F = \frac{N + N' + N'' + N''' = T.}{DC \qquad\qquad = DC}$$

2me CAS. Quand les fractions n'ont pas le même dénominateur, 4 R, puis F, puis 2 R.

SOUSTRACTION.

DEUX CAS.

1er CAS. Quand les fractions ont le même dénominateur, on ôte le petit numérateur du grand, et au reste on donne le D C.

$$F = \frac{N - N' = R.}{D\,C\ =\ DC.}$$

2me *Cas.* Quand les fractions n'ont pas le même dénominateur, 4 R., puis F , comme au premier cas.

MULTIPLICATION.

$\times$ les numérateurs entre eux $\times$ les dénominateurs aussi entre eux, et $<$ le premier produit par le second.

$$F = \frac{N \times N' = P.}{D \times D' = P'}$$

Première remarque : Quand il y a des entiers qui accompagnent les fractions, 1 R, puis F.

Deuxième remarque : Quand l'un des facteurs renferme des entiers seulement, on lui donne pour dénominateur 1, puis F.

DIVISION.

$\times$ la fraction dividende par la fraction diviseur renversée.

$$F = \frac{N}{D} < \frac{N' = N \times D' = Q.}{D' = D \times N' = Q'.}$$

Première remarque : Quand il y a des entiers qui accompagnent des fractions, 1 R., puis F.

Deuxième remarque : Quand l'un des deux facteurs, soit le dividende, soit le diviseur, renferme des entiers seulement, on donne pour dénominateur 1, puis F.

RAPPORTS.

On compare par soustraction et par division. Il y a deux sortes de rapports :

1er *Rapport par soustraction,* $11 - 7 = 4$

2e *Rapport par division,* $25 : 5$; ou bien, $5 < 5$; ou bien, $\dfrac{25}{5}$

$$25 \text{ antécédent} = A.$$
$$5 \text{ conséquent} = C.$$

1° Deux rapports égaux par soustraction, s'appellent une équidifférence , $11 - 7 = 12 - 8$

2° Deux rapports égaux par division , s'appellent une proportion, $24 : 12 :: 96 : 48$;

Ou bien, $24 < 12 = 96 < 48$;

Ou bien, $\dfrac{24}{12} = \dfrac{96}{48}.$

24 et 48 sont les extrêmes.

12 et 96 sont les moyens.

PROPRIÉTÉ FONDAMENTALE DES PROPORTIONS.

Le produit des extrêmes = celui des moyens.

$$24 \times 48 = 12 \times 96$$
$$F = E \times E' = M \times M'$$

RÈGLE DE TROIS SIMPLE.

Trois nombres étant connus, chercher un quatrième inconnu, c'est le but de la règle de trois.

Quand il y a un extrême inconnu, $\times$ les moyens, et $<$ par l'extrême connu.

Le quotient $=$ l'extrême inconnu.

E' : M' :: M : E.

$$F = \frac{M \times M'}{E'} = Q = E$$

Si c'est un moyen inconnu, $\times$ les extrêmes, et divisez le produit par le moyen connu le quotient $=$ le moyen inconnu.

E' : M' :: M : E.

$$F = \frac{E \times E'}{M'} = Q = M$$

RÉCAPITULATION DE LA RÈGLE DE TROIS SIMPLE.

$\times$ les termes où n'est pas x, et $<$ par le terme où figure x, ainsi le diviseur est de la même nature que x.

RÈGLE DE TROIS COMPOSÉE.

Quand il y a un extrême inconnu, $\times$ les moyens,

$\times$ les extrêmes, et $<$ le premier produit par le second.

$$E' \ : M' \ :: M : E$$
$$E'' \ . M''$$
$$E''' : M'''$$

$$F_{\backslash} = \frac{M \times M' \times M'' \times M'''}{E' \times E'' \times E'''} = \frac{P}{P'} = Q = E$$

Quand il y a un moyen inconnu, $\times$ les extrêmes, $\times$ les moyens, et $<$ le premier produit par le second.

$$E' \ : M' \ :: M : E.$$
$$E'' \ : M''$$
$$E'' : M'''.$$

$$F = \frac{E \times E' \times E' \times E'' = P}{M' \times M'' \times M''' = P'}, = Q = M$$

RÉCAPITULATION DE LA RÈGLE DE TROIS COMPOSEE.

$\times$ les moyens, $\times$ les extrêmes, et $<$ le produit où n'est pas x, par le terme où figure x, ainsi le dénominateur est de la même nature que x.

FORMULE RÈGLE D'INTÉRÊT.

$$F = S \times J \times T - I \times 36,000.$$

$$1^{\circ}. \quad S = \frac{I \times 36,000}{J \times T}$$

$$2^o. \quad J = \frac{I \times 36,000}{S \times T}$$

$$3^o. \quad T = \frac{I \times 36,000}{S \times J}$$

$$4^o. \quad I = \frac{S \times J \times T}{36,000}$$

NOTA. Pour $< 36,000$, on divise par 36, puis Q par 1,000.

RÈGLE DE SOCIÉTÉ.

$$A + B + C + D, \text{ etc.} = T.$$

T : G :: A : x
T : G :: B : x'
T : G :: C : x''
T : G :: D : x'''

Preuve : $x + x' + x'' + x'''$ etc. $= G$.

Lille. Imp. de Lefebvre-Ducrocq.